数学文

李大潜　主编

概率破玄机

Gailü Po Xuanji

严加安

中国教育出版传媒集团

高等教育出版社·北京

图书在版编目 (CIP) 数据

概率破玄机 / 严加安编. ﹣﹣北京：高等教育出版社，2023.10（2024.5 重印）

（数学文化小丛书 / 李大潜主编. 第四辑）

ISBN 978﹣7﹣04﹣061235﹣6

Ⅰ. ① 概… Ⅱ. ① 严… Ⅲ. ① 概率﹣普及读物 Ⅳ. ① O211.1﹣49

中国国家版本馆 CIP 数据核字 (2023) 第 181877 号

策划编辑	李 蕊	责任编辑 李 蕊		封面设计	杨伟露
版式设计	徐艳妮	责任绘图 于 博		责任校对	刘娟娟
责任印制	存 怡				

出版发行	高等教育出版社	网 址	http://www.hep.edu.cn	
社 址	北京市西城区德外大街 4 号		http://www.hep.com.cn	
邮政编码	100120	网上订购	http://www.hepmall.com.cn	
印 刷	中煤（北京）印务有限公司		http://www.hepmall.com	
开 本	787mm×960mm 1/32		http://www.hepmall.cn	
印 张	2			
字 数	32 千字	版 次	2023 年 11 月第 1 版	
购书热线	010﹣58581118	印 次	2024 年 5 月第 2 次印刷	
咨询电话	400﹣810﹣0598	定 价	11.00 元	

本书如有缺页、倒页、脱页等质量问题，请到所购图书销售部门联系调换

版权所有　侵权必究

物 料 号　61235﹣00

数学文化小丛书总序

整个数学的发展史是和人类物质文明和精神文明的发展史交融在一起的。数学不仅是一种精确的语言和工具、一门博大精深并应用广泛的科学，而且更是一种先进的文化。它在人类文明的进程中一直起着积极的推动作用，是人类文明的一个重要支柱。

要学好数学，不等于拼命做习题、背公式，而是要着重领会数学的思想方法和精神实质，了解数学在人类文明发展中所起的关键作用，自觉地接受数学文化的熏陶。只有这样，才能从根本上体现素质教育的要求，并为全民族思想文化素质的提高夯实基础。

鉴于目前充分认识到这一点的人还不多，更远未引起各方面足够的重视，很有必要在较大的范围内大力进行宣传、引导工作。本丛书正是在这样的背景下，本着弘扬和普及数学文化的宗旨而编辑出版的。

为了使包括中学生在内的广大读者都能有所收益，本丛书将着力精选那些对人类文明的发展起过重要作用、在深化人类对世界的认识或推动人类对世界的改造方面有某种里程碑意义的主题，由学有专长的学者执笔,抓住主要的线索和本质的内容,由浅入深并简明生动地向读者介绍数学文化的丰富内涵、数学文化史诗中一些重要的篇章以及古今中外一些著名数学家的优秀品质及历史功绩等内容。每个专题篇幅不长,并相对独立,以易于阅读、便于携带且尽可能降低书价为原则,有的专题单独成册,有些专题则联合成册。

希望广大读者能通过阅读这套丛书,走近数学、品味数学和理解数学,充分感受数学文化的魅力和作用,进一步打开视野、启迪心智,在今后的学习与工作中取得更出色的成绩。

李大潜

2005 年 12 月

前　　言

在社会和自然界中, 我们常遇到一些事件, 因为有很多不确定的偶然因素很难判断它是否会发生, 这样的事件就是所谓的随机事件或偶然事件. 随机现象背后是隐藏某些规律的, 概率论是研究随机现象数量规律的数学分支.

概率论起源于中世纪的欧洲, 那时盛行掷骰子赌博, 提出了许多有趣的概率问题. 法国的帕斯卡、费马和旅居巴黎的荷兰数学家惠更斯都对此类问题感兴趣, 他们用组合数学研究了许多与掷骰子有关的概率计算问题. 20 世纪 30 年代柯尔莫哥洛夫建立了概率公理化体系, 使概率论成为一门有严格演绎科学的数学分支. 现在概率论已经发展成为数学领域里一个相对充满活力的学科, 并且在工程、国防、生物、经济和金融等领域得到了广泛的应用.

法国数学家拉普拉斯有句名言: "生活中最重要的问题, 绝大部分其实只是概率问题." 当代国际著名的统计学家拉奥 (C.R. Rao) 说过: "如果世界中的事件完全不可预测地随机发生, 则我们的生活是无法忍受的. 而与此相反, 如果每一件事都是确定的、完全可以预测的, 则我们的生活将是无趣的."

我长期从事概率论和随机分析研究, 对概率和

i

统计学科的本质有些领悟，曾写过一首"悟道诗"：

> 随机非随意，概率破玄机，
>
> 无序隐有序，统计解迷离.

下面是我的另一首"科学诗"：

熙熙人群朋友不期而遇，茫茫宇宙陨星意外撞击.
随机事件发生并非随意，概率破解其中奥秘玄机.
情境重复催生稀有事件，历史长河沉淀自然奇迹.
同班同学常有生日相同，彩民两次中奖并不神奇.
抵押贷款房产汽车按揭，精巧设计需要借助概率.
保费计算基于概率模型，期权定价有赖随机分析.
概率技巧有助破解密码，人工智能需用概率逻辑.
日常生活常遇概率问题，学点概率知识终身受益.

　　本书是应《数学文化小丛书》的主编李大潜院士的邀请，专门为中学生编写的一本概率论科普著作，读者也可以是普通民众. 第一章简要介绍概率论发展史和若干预备知识，第二章通过 30 多个应用例子展示概率是如何破玄机的. 另一本统计学科普著作《统计解迷离》是本书的姊妹篇.

　　本书部分内容曾由我于 2022 年 9 月以"概率破玄机，统计解迷离"为题在中国科学院科学传播局主办的《科学公开课》(第二季) 讲述过，有兴趣的读者可以在"央视频"网站观看.

最后要感谢高等教育出版社的李蕊编辑, 她认真细致的编辑工作使本书得以顺利出版.

严加安

2023 年 3 月于北京

目　　录

第一章　概　率　论

1.1　概率论简史

早在古代, 人类就认识到现实世界中的事件发生有必然和偶然的区分. 所谓偶然性 (或随机性)就是不可预测性. 古人认为自然界出现的随机事件是神的旨意. 在现实生活中, 古人用随机发生器对某些行动做决策或进行机会游戏 (赌博), 常用的是哺乳动物的距骨, 掷距骨可以区分四个面的哪个面朝上. 骰子是人们制造的精致的随机发生器, 欧洲中世纪盛行用掷骰子来赌博.

15 世纪中期的意大利数学家帕乔利 (Pacioli)在他的《算术》一书中讨论了如下的**点数问题** (**分赌注问题**): 两人进行赌博, 规定先胜 6 场为胜者.一次, 当甲胜 5 场乙胜 2 场时, 赌局因故中断, 应该如何分配赌注? 1654 年, 法国嗜好赌博的骑士梅雷向他的朋友帕斯卡 (Pascal, 1623—1662) 重提分赌注问题: 一公平赌博到某一时刻, 赌徒 A 和 B 分别还需胜 a 和 b 局才获胜 (其中 $a \neq b$), 此时中止赌博, 应如何合理分配赌注? 帕斯卡将此问题通报了费马 (Fermat, 1601—1665), 他们于 1654 年 7 月到 10 月进行了一系列通信讨论, 最后各自给出了正确答案.

在帕斯卡与费马通信讨论赌博问题的那一年, 对古典概率论做出巨大贡献的雅各·伯努利 (Jacob Bernoulli, 1654—1705) 诞生了. 他首次使用母函数这一工具研究了独立重复试验, 证明了堪称概率论中第一个定理的**大数定律**: 假定某个事件在一次试验中发生的概率为 p, 独立重复 n 次试验中该事件发生的次数记为 $k(n)$, 则对任意 $\varepsilon > 0$,

$$\lim_{n \to \infty} \mathbb{P}\Big(\Big|\frac{k(n)}{n} - p\Big| > \varepsilon\Big) = 0.$$

他的著作《猜度术》是在他去世 8 年后 (1713 年) 才出版的.

在《猜度术》出版之前, 法国数学家棣莫弗 (De Moivre, 1667—1754) 就对概率论进行了广泛而深入的研究, 1718 年出版了《机遇原理》. 后来他进一步研究了二项概率 (概率为 p 的事件在 n 次独立试验中发生 k 次的概率) $\binom{n}{k} p^k (1-p)^{n-k}$ 的逼近问题, 并于 1733 年对 $p = 1/2$ 这一特殊情

形证明了如下的**棣莫弗–拉普拉斯中心极限定理**:

$$\lim_{n \to \infty} \mathbb{P}\left(\frac{Y(n) - np}{\sqrt{np(1-p)}} \leqslant x\right) = \frac{1}{\sqrt{2\pi}} \int_{-\infty}^{x} e^{-\frac{t^2}{2}} \, dt,$$

这里 $Y(n)$ 是取值于 $\{0, 1, \cdots, n\}$ 的随机变量, 它的分布称为二项分布, 即有

$$\mathbb{P}(Y(n) = k) = \binom{n}{k} p^k (1-p)^{n-k}.$$

顺带指出, 高斯 (Gauss, 1777—1855) 于 1809 年率先将正态分布应用于天文学误差分析研究, 由于高斯这项工作对后世的影响极大, 使正态分布同时有了高斯分布的名称, 后世将最小二乘法的发明权归之于他, 也是出于这一工作.

贝叶斯 (Bayes, 1702—1761) 是英国的神学家和数学家, 他于 1758 年出版了著作《机遇原理概论》. 1763 年, 由他的朋友普赖斯 (Price) 整理他生前的论文《论机遇原理中一问题的解》发表了. 在这篇文章中, 贝叶斯首次研究了二项分布中的概率的区间估计问题, 引进了逆概率概念, 创立了被后世命名的**贝叶斯定理**或**贝叶斯公式**, 对现代概率论和数理统计有很重要的作用.

拉普拉斯 (Laplace, 1749—1827) 在 1812 年出版的《概率的分析理论》中系统总结了以往概率论的成果, 首次明确给出了古典概率的定义: 在一具有有限多个互不相容的等可能性发生场合的试验中, 一个事件发生的概率就是有利于该事件发生

的场合数与所有可能场合总数之比. 但这一古典概率的定义不适合于非有限多个场合的试验 (如蒲丰投针问题 (见下面的 §2.2.3). 在这本著作中, 拉普拉斯首先提出了方差有限的独立随机变量序列的中心极限定理, 引入了差分方程和母函数等分析工具, 从而实现了概率论从组合计算向分析方法的过渡, 开辟了分析概率论的新篇章.

法国数学家泊松 (Poisson, 1781—1840) 于 1837 年在《关于判断的概率之研究》一文中给出了二项概率的泊松逼近公式:

$$\lim_{n \to \infty} \binom{n}{k} p_n^k (1 - p_n)^{n-k} = e^{-\lambda} \frac{\lambda^k}{k!}, \quad \lambda = \lim_{n \to \infty} n p_n,$$

导出了著名的**泊松分布**, 这一分布在公用事业、放射性现象等许多方面都有应用.

古典概率论的逻辑基础建筑在试验场合数有限和基本事件的等可能性之上. 然而, 只要涉及无限场合, 等可能性就很难界定, 便会产生一些怪异的结果, 其中最著名的是 1899 年由法国学者贝特朗 (J. Bertrand) 提出的所谓**贝特朗悖论** (见下面的 §2.2.4): 在半径为 r 的圆内随机选择弦, 计算弦长超过圆内接正三角形边长的概率. 根据随机选择弦的不同含义, 可以得到三个不同的答案. 这类悖论说明, 在古典概率论中, 对无限多个场合试验, 概率的概念是以某种等可能性的界定为前提的.

19 世纪后期, 极限理论的发展成为概率论研究的中心课题, 俄国数学家切比雪夫 (Chebyshev, 1821—1894) 在这方面作出了重要贡献. 他引入了随机变量概念, 建立了关于方差一致有界的独立随机变量序列的大数定律, 使伯努利大数定律成为其特例, 而其证明只需用到被后人命名的切比雪夫不等式. 该成果后又被其学生马尔可夫 (Markov, 1856—1922) 和李雅普诺夫 (Lyapunov, 1857—1918) 发扬光大. 马尔可夫在 1906—1912 年开展了相依随机变量序列的研究, 开创了一类无后效性的随机过程模型 —— **马尔可夫链**. 李雅普诺夫在概率论中引入了特征函数这一有力工具, 在相当宽的条件下, 严格证明了拉普拉斯提出的独立随机变量序列的中心极限定理. 不要求二阶矩存在条件下的大数定律和中心极限定理最早是由苏联数学家辛钦 (Khintchine, 1894—1959) 相继于 1929 年和 1935 年建立. 1924 年, 辛钦还首次对伯努利序列证明了重对数律.

1900 年, 希尔伯特 (Hilbert, 1862—1943) 在国际数学家大会上提出了 23 个著名问题, 其中第 6 个问题是建立概率公理系统的问题. 此后, 这引导了许多数学家投入这方面的工作. 最早对概率论的严格化进行尝试的, 是俄国数学家伯恩斯坦 (Bernstein, 1880—1968) 和奥地利数学家冯·米西斯 (R. von Mises, 1883—1953), 但他们提出的公理理论都是不完善的. 作为测度论的奠基人, 博雷尔 (Borel, 1871—1956) 于 1905 年首先将测度论方法引入概率论重要问题的研究, 特别是 1909 年他提出并在特殊情形下解决了随机变量序列服从强大数定律的条件问题. 博雷尔的工作激起了数学家们沿这一崭新方向的一系列探索, 其中尤以苏联数学家柯尔莫哥洛夫 (Kolmogorov, 1903—1987) 的研究最为卓著. 从 20 世纪 20 年代中期起, 柯尔莫哥洛夫开始从测度论途径探讨整个概率论理论的严格表述, 他对博雷尔提出的强大数定律问题给出了一般的结果, 推广了切比雪夫不等式, 提出了柯尔莫哥洛夫不等式, 创立了可数集马尔可夫链理论. 1933 年以德文出版经典性著作《概率论基础》, 建立了概率公理化体系, 使概率论成为一门有严格演绎科学的数学分支.

1.2 若干预备知识

在社会和自然界中, 我们常遇到一些事件, 因为有很多不确定的偶然因素很难判断它是否会发生, 这样的事件就是所谓的随机事件或偶然事件. 概率是对随机事件发生的可能性大小的一个度量. 必然要发生的事件的概率规定为 1, 不可能发生的事件的概率规定为 0, 其他随机事件发生的概率介于 0 与 1 之间.

对于可以进行简单重复试验观察的事件, 事件发生的概率是在重复试验中该事件发生的频率的一个近似. 例如, 抛一枚匀质的硬币, 出现正面或反面的概率均为二分之一; 掷一个匀质的骰子, 每个面出现朝上的概率均为六分之一. 在这两个例子中, 每个简单事件 (或场景) 都是等可能发生的. 一个复合事件 (如掷骰子出现的点数是偶数) 发生的概率就等于使得该复合事件发生的场景数目与可能场景总数之比.

对于许多随机事件, 通过理论分析, 可以直接计算事件发生的理论概率, 在某种意义上, 理论概率可以视为相同场景下重复的 "思想实验" 中事件发生的频率的一个近似. 本书第二章介绍的例子绝大多数属于这类随机事件.

1.2.1 条件概率与全概率公式

设 A 和 B 是两个随机事件, 我们用 AB 和表示 A 和 B 都发生. 如果已知 A 和 B 各自发生的概率为 $\mathbb{P}(A)$ 和 $\mathbb{P}(B)$, 它们都发生的概率为 $\mathbb{P}(AB)$, 则事件 A 发生的条件下事件 B 发生的概率 (称为事件 B 关于事件 A 的条件概率, 记为 $\mathbb{P}(B|A)$), 显然有

$$\mathbb{P}(B|A) = \mathbb{P}(AB)/\mathbb{P}(A).$$

设 $\{A_1, \cdots, A_n\}$ 是 n 个事件, 假定其中之一一定会发生, 但其中任意两个事件不会都发生. 如果已知每个事件 A_j 发生的概率 $\mathbb{P}(A_j)$ 和事件 B

发生的条件概率 $\mathbb{P}(B|A_j)$，则事件 B 发生的概率 $P(B)$ 为

$$\mathbb{P}(B) = \sum_{j=1}^{n} \mathbb{P}(B|A_j)\mathbb{P}(A_j).$$

这一公式称为**全概率公式**.

1.2.2 贝叶斯公式

如果已知 $\mathbb{P}(A)$，$\mathbb{P}(B)$ 和 $\mathbb{P}(B|A)$，如何求事件 B 关于事件 A 的条件概率? 由于事件 A 和 B 都发生的概率为

$$\mathbb{P}(AB) = \mathbb{P}(A)\mathbb{P}(B|A),$$

故有

$$\mathbb{P}(A|B) = \frac{\mathbb{P}(A)\mathbb{P}(B|A)}{\mathbb{P}(B)}.$$

这就是贝叶斯的由结果推测原因的概率公式——**贝叶斯公式**. 这一公式实际上并未出现在贝叶斯 1763 年那篇文章中, 而是拉普拉斯最先从那篇文章中提炼出来的.

下面考虑多个场合情形. 设 $\{A_1, \cdots, A_n\}$ 是 n 个事件, 假定其中之一会发生, 但其中任意两个事件不会都发生, 这里每个事件代表导致某个事件 B 发生的可能场合. 将 $\mathbb{P}(A_j)$ 称为事件 A_j 的先验概率, 假定它们是已知的. 另外, 假定由事件 A_j 引

发事件 B 发生的条件概率 $\mathbb{P}(B|A_j)$ 也是已知的,
则由全概率公式

$$\mathbb{P}(B) = \sum_{k=1}^{n} \mathbb{P}(BA_k),$$

事件 B 发生的概率为

$$\mathbb{P}(B) = \sum_{k=1}^{n} \mathbb{P}(B|A_k)\mathbb{P}(A_k).$$

因此, 由贝叶斯公式推知, 事件 B 的发生是由事件
A_j 引发的概率 $\mathbb{P}(A_j|B)$ 为

$$\mathbb{P}(A_j|B) = \frac{\mathbb{P}(B|A_j)\mathbb{P}(A_j)}{\displaystyle\sum_{k=1}^{n} \mathbb{P}(B|A_k)\mathbb{P}(A_k)}.$$

这里 $\mathbb{P}(A_j|B)$ 称为事件 B 发生条件下 A_j 的后验
概率. 这是贝叶斯公式的一般形式.

1.2.3 事件的独立性

设 A 和 B 为事件, 如果 $\mathbb{P}(AB) = \mathbb{P}(A)\mathbb{P}(B)$,
则称事件 A 和 B 相互独立.

令 $(A_n)_{n \geqslant 1}$ 为一列事件, 如果对于任何有限多
个自然数 $i_1, \cdots, i_n$, 我们有

$$\mathbb{P}\Big(\bigcap_{k=1}^{n} A_{i_k}\Big) = \prod_{k=1}^{n} \mathbb{P}(A_{i_k}),$$

其中 $\bigcap_{k=1}^{n} A_{i_k}$ 表示 $A_{i_1}, \cdots, A_{i_n}$ 这 n 个事件都发生, 则称这一列事件相互独立. 两两相互独立的一列事件未必整体上相互独立.

1.2.4 随机变量

随机变量表示随机试验可能结果的实值单值函数. 随机事件不论与数量是否直接有关, 都能用数量化的方式表达, 其好处是可以用数学分析的方法来研究随机现象. 例如, 某一时间内某公共汽车站等车乘客人数、电话交换台在一定时间内收到的呼叫次数、灯泡的寿命等, 都是随机变量的实例.

设 X 为一随机变量, 对任何实数 x, $[X \leqslant x]$ 就是一个事件. 令 $F(x) = \mathbb{P}(X \leqslant x)$, 称 F 为 X 的分布函数. 如果 F 绝对连续, 它的导数 f 称为 F 的密度函数. 设 $(X_1, \cdots, X_n)$ 为一列随机变量, 如果它们的联合分布等于各自的边缘分布乘积, 即 $\forall x_i \in \mathbb{R}$, $i = 1, \cdots, n$, 有

$$\mathbb{P}(X_1 \leqslant x_1, \cdots, X_n \leqslant x_n) = \prod_{i=1}^{n} \mathbb{P}(X_i \leqslant x_i),$$

则称这一列随机变量相互独立.

取值为有限个或可数个实数的随机变量称为离散型的. 对一离散型随机变量 X, 假定 X 的取

值为 $\{x_1, x_2, \cdots\}$, 令

$$\mathbb{E}[X] = \sum_i x_i \mathbb{P}(X = x_i),$$

称 $\mathbb{E}[X]$ 为 X 的均值或期望. 对于一般的随机变量 X, 令

$$\mathbb{E}[X] = \int_{-\infty}^{+\infty} x \mathrm{d}F(x),$$

称 $\mathbb{E}[X]$ 为 X 的均值或期望.

第二章　概率论应用的例子

2.1　我们身边的概率问题

2.1.1　靠直觉做判断常常会出错

同时投下三颗骰子, 如果对骰子不加区分, 点数之和为 9 共有 6 种情形: $(1, 2, 6)$、$(1, 3, 5)$、$(1, 4, 4)$、$(2, 2, 5)$、$(2, 3, 4)$ 和 $(3, 3, 3)$. 点数之和为 10 的情形也有 6 种: $(1, 3, 6)$、$(1, 4, 5)$、$(2, 2, 6)$、$(2, 3, 5)$、$(2, 4, 4)$ 和 $(3, 3, 4)$, 那么出现点数之和为 9 与 10 的机会是否相同? 经验告知, 出现点数和为 10 的机会比出现 9 的机会要多, 原因何在? 伽利略 (Galileo, 1564—1642) 最先给出了解答. 他发现如果对骰子加以区分, 利用列举法得出同时掷三颗骰子出现点数和为 9 的情形实际有 25 种, 而出现点数和为 10 的情形实际有 27 种. 由于同时掷三颗骰子出现 216 种情形, 同时掷三颗骰子出现点数和为 9 与 10 的概率分别为 25/216 与 27/216. 这可以视为用概率思想来判断随机事件发生机会的萌芽.

著名华人概率学家钟开莱 (Kai Lai Chung, 1917—2009) 逝世后的一天, 我在互联网上偶然看到如下一个逸闻. 钟开莱在一次与沈从文会面时对沈说: "你在《从文自传》中写苗人造反失败后捉到人太多, 就让犯人掷筊决定生死, 说犯人活下来的机会是三分之二, 那不对, 应该是四分之三." 再版的《从文自传》已经纠正了这一错误. 书中写道: "把犯人牵到天王庙大殿前院坪里, 在神前掷竹筊, 一仰一覆的顺筊, 开释, 双仰的阳筊, 开释, 双覆的阴筊, 杀头. 生死取决于一掷, 应死的自己向左走去, 该活的自己向右走去. 一个人在一分赌博上既占去便宜四分之三, 因此应死的谁也不说话, 就低下头走去." 沈从文先生原先误认为顺筊只是一种场合, 实际顺筊包含先后出现的一仰一覆和一覆一仰两种场合.

从这两个例子可以悟出一个道理: 计算一个随机事件发生的概率, 重要的是要对此事件得以发生的所有可能场合有正确的判断. 单靠直觉做判断常常会出错.

2.1.2 另一孩子也是男孩的概率有多大

下面也是一个靠直觉做判断容易出错的例子. 某人新来邻居是一对海归夫妇, 只知道这对夫妇有两个非双胞胎孩子. 某天, 看到爸爸领着一男孩出门了, 问这对夫妇的另一孩子也是男孩的概率是多大? 许多人可能给出的答案是 1/2, 因为生男生女的概率都是 1/2. 但实际上正确答案应该是 1/3, 因为在已知该家至少有一男孩的前提下, 他家两个小孩可能的场合是三个 (按孩子出生先后次序): "男男""男女""女男". 只有 "男男" 才符合另一孩子也是男孩这一场合. 如果突然从这家传出婴儿的啼哭声, 另一孩子也是男孩的概率就变成 1/2 了, 因为这时可以断定出了门的那个男孩是老大, 可能的场合就变成两个了 (按出生先后次序): "男男""男女".

2.1.3 生日问题

N 个人中至少有两人生日相同的概率是多少? 这是有名的生日问题. 令人难以置信的是: 随机选取 23 人中至少两人生日相同的概率居然超过 50%, 50 人中至少两人生日相同的概率居然达到 97%! 例如, 假定一个中学有二十个班, 每个班平均有 50 个学生, 你可以调查一下, 大概会有十几个班都有至少两个生日相同的学生. 这和人们的直觉是抵触的. 因此, 生日问题也被称为生日悖论.

其实, 有关 50 人中至少两人生日相同的概率的计算很简单, 先计算 50 个人生日都不相同的概率. 第一个人的生日有 365 个可能性, 第二个人如果生日与第一个人不同, 他的生日有 364 个可能性, 依次类推, 直到第 50 个人的生日有 316 个可能性, 所以 50 人生日都不同的可能组合方式就是 $365 \times 364 \times \cdots \times 316$, 但由于每个人的生日是独立的, 总的可能组合为 365^{50}. 50 个人生日都不相同的概率就等于两个组合数之比, 约为 3%, 因此, 50 个人中至少两个人生日相同的概率等于 $1 - 0.03 = 0.97$.

注意: 如果预先选定一个生日, 随机选取 N 人, 其中有人的生日正好是选定生日的概率为 $1 - \left(\dfrac{364}{365}\right)^N$. 例如, 若 N 为 125, 250, 500, 1000, 则 N 人中出现某人生日正好是选定生日的概率分别大约为 30%, 50%, 75%, 94%, 比想象的小得多.

2.1.4 步枪打飞机靠谱吗

我们有时在抗战剧中看到这样的情景: 一支小部队在与日军交战时, 突然来了一架日军飞机俯冲下来对他们进行袭击, 这时战士们使用手中的步枪向日军飞机射击, 结果击落了飞机. 这样的剧情靠谱吗?

假定每个战士射击飞机的命中率是 0.1, 有 10 名战士开枪射击, 至少有一人命中飞机的概率是多大? 为此, 我们计算 10 人都不命中飞机的概率是 0.9^{10}, 近似等于 0.35. 因此, 至少有一人命中飞机的概率近似等于 $1 - 0.35 = 0.65$, 小部队人数越多, 击落日机的概率越大. 结论是, 这样的剧情是靠谱的.

2.1.5 如何理解社会和大自然中出现的奇迹

对单个彩民和单次抽奖来说, 中纽约乐透头奖的概率大概是 2250 万分之一. 到 2008 年, 在纽约乐透史上发生过 3 次有一人中过两次头奖的事件. 例如, 2007 年 8 月 30 日美国纽约的安杰洛夫妇喜中纽约乐透头奖, 获得 500 万美元奖金. 他们 1996 年与另外 3 人共分了 1000 万美元头奖. 这堪称一个奇迹. 纽约乐透每周三和六晚间各开奖一次, 每年开奖 104 次, 40 年间大约 4100 次开奖. 假定以前中过纽约乐透头奖的人还经常买纽约乐透彩票, 而且每次下的注数都比较大, 那么在 40 年间他们之中有三人两次中头奖的概率就不是非常小了.

在河北省著名旅游景点野三坡的蚂蚁岭左侧, 断崖边缘有一块直径十米、高四米的 “风动石”, 此石着地面积不足覆盖面积的 1/20, 尤其基部接触处只有两个支点. 这也算是一个奇迹.

从概率论观点看,上述两个奇迹的发生并不奇怪,因为即使是极小概率事件,如果重复很多次,就会有很大概率发生.假设一事件发生概率为 p,重复 n 次还不发生的概率为 $(1-p)^n$,当 n 足够大时,这一概率就很小,从而该事件发生的概率为 $1-(1-p)^n$ 就变得很大了.例如,令 $p=0.01$,$n=450$,则 $0.99^{450}=0.01$,于是概率为 0.01 的事件重复 450 次发生的概率变为 0.99 了.

大自然中的奇迹是地壳在亿万年的变迁中偶然发生的,但这种奇迹在历史的长河中最终出现是一种必然现象.钻石是在地球深部高压、高温条件下形成的一种由碳元素组成的单质晶体,它的出现也是必然的,因为在地球 46 亿年历史中,曾经发生过数不清的火山喷发,尽管单次火山喷发能产生钻石的概率极小.

2.1.6 从概率学家眼光看"华南虎照事件"

2007 年 10 月 12 日,陕西省林业厅宣布陕西发现华南虎,并公布据称为陕西省镇坪县农民周正龙 2007 年 10 月 3 日拍摄到的华南虎照片.但这一轰动性的消息随即引来广大网友质疑,指可能是纸老虎造假.11 月 16 日,一网友称华南虎照的原型实为自家墙上年画.同时,义乌年画厂证实确曾生产过老虎年画.2007 年 12 月 3 日,来自六个方面的鉴定报告和专家意见汇总认为虎照为假.

当我从网上看到虎照和年画对照图片后，立刻做出华南虎照是假的判断，理由是虎照和年画相似度达到百分之九十九以上的概率几乎为零. 2007年 12 月以来，在多次科普报告中我都公开了这一观点. 2008 年 6 月 29 日，陕西省人民政府向新闻媒体宣布：周正龙拍摄的野生华南虎照片为造假. 2008 年 11 月 17 日，陕西省安康市中级人民法院宣判周正龙有期徒刑两年半缓期 3 年，并处罚金2000 元.

2.1.7 抽球赌输赢先抽者占优吗

设一坛子里装有 r 个红球和 1 个黑球. 甲、乙两人相继从坛子里不放回抽球，谁抽到黑球就算赢，试问先抽者赢的概率是否大些？

答案是要分情况而定：如果 r 是奇数，先抽和后抽赢的概率相同，都是 $1/2$；如果 r 是偶数，先抽和后抽赢的概率分别是 $1/2 + 1/(2r + 2)$ 和 $1/2 - 1/(2r + 2)$.

为什么？我们可以考虑如下等价的问题：甲、乙两人相继抽球，期间不看球的颜色，直到抽完为止，谁拥有黑球，谁就算赢. 如果 r 是奇数，无论谁先抽，甲乙两人最终各有 $(r + 1)/2$ 个球，因此拥有黑球的概率相同；如果 r 是偶数，先抽者最终有 $r/2 + 1$ 个球，后抽者最终有 $r/2$ 个球，因此拥有黑球的概率不相同，分别是 $\dfrac{r/2 + 1}{r + 1}$ 和 $\dfrac{r/2}{r + 1}$，即为

$1/2 + 1/(2r + 2)$ 和 $1/2 - 1/(2r + 2)$.

2.1.8 "三枚银币"骗局

某人在街头设一赌局. 他向观众出示了放在帽子里的三枚银币 (记为甲、乙、丙): 甲的两面涂了黑色, 丙的两面涂了红色, 乙的两面分别涂了黑色和红色. 游戏规则是: 他让一个观众从帽子里随机取出一枚银币放到桌面上, 然后由设局人猜银币另一面的颜色, 如果猜中了, 该观众付给他 1 元钱, 如果猜错了, 他付给该观众 1 元钱. 从直觉看, 无论取出的银币所展示的一面是黑色或红色, 另一面是红色或黑色的概率都是 1/2, 这一赌局似乎是公平的, 但实际上不公平.

设局者只要每次猜背面和正面是同一颜色, 他的胜算概率是 2/3, 因为从这三枚银币随机选取一枚, 其两面涂相同颜色的概率就是 2/3. 如果有许多人参与赌局, 大概有 1/3 的人会赢钱, 2/3 的人会输钱. 下面进一步用场合分析来戳穿三枚银币骗局. 假定观众取出并放到桌面上的银币展示面是黑色, 则这枚银币只可能是银币甲或乙. 银币展示面是黑色这一随机事件有三种等可能场合: 银币甲的某一面和另一面, 或银币乙的涂黑一面. 因此, 这枚银币是银币甲的概率是 2/3. 展示面是红色情形完全类似. 因此, 每次猜另一面和展示面是同一颜色的胜算概率是 2/3.

下面这个例子是从三枚银币骗局衍生出来的. 假设在你面前放置三个盒子, 盒子里分别放了金币两枚、银币两枚、金币和银币各一枚. 你随机选取一个盒子并从中摸出一枚钱币, 发现是一枚金币. 试问: 该盒子是装有两枚金币盒子的概率有多大? 请你给出答案.

2.1.9 竞赛规则藏玄机

假定有甲、乙两个乒乓球运动员参加比赛, 已知甲的实力强于乙. 现有两个备选的竞赛规则: 3 局 2 胜制或 5 局 3 胜制. 试问: 哪一种竞赛规则对甲有利?

在 3 局 2 胜制规则下, 只有 "甲甲" "甲乙甲" 和 "乙甲甲" 这三种场合导致甲最终获胜. 因此, 设在单局中甲胜的概率为 p, 则甲最终获胜的概率为这三种场合的概率之和, 等于

$$f(p) = [1 + 2(1 - p)]p^2.$$

同理, 在 5 局 3 胜制规则下, 进行三局甲获胜只有 "甲甲甲" 这一场合; 进行四局甲获胜有 "甲乙甲甲" "乙甲甲甲" "甲甲乙甲" 三种场合; 进行五局甲获胜有六种可能场合 (具体描述留给读者). 因此甲最终获胜的概率为这十种场合的概率之和, 等于

$$g(p) = [1 + 3(1 - p) + 6(1 - p)^2]p^3.$$

当 $p > 1/2$ 时, 容易证明 $g(p) > f(p)$. 因此, 5 局 3 胜制规则对甲有利.

2.1.10 得知一个信息是否增大特赦概率

这一问题来自统计学家林德利 (Lindly) 提出的 "三囚犯问题": 一个国家将举行一次盛大庆典, 3 个死刑犯 A, B, C 中有一人将被特赦而免除死刑, 然而谁被特赦则完全是随机选择的. 三个犯人中的任何两人至少有一人会被执行死刑, 因犯 A 请求看守告知 B 和 C 两人中谁会被执行死刑. 当看守告诉 A "B 将被执行死刑" 时, 得知这个信息的 A 以为开始他被特赦的概率只有 $1/3$, 现在知道了 B 将被执行死刑, 那么特赦的人一定在他与 C 之间, 这样一来他被特赦的概率就变成 $1/2$ 了. 其实这是错误的, 这一信息并不改变他被特赦的概率. 许多人可能都会产生这一错误的直觉.

2.1.11 在猜奖游戏中改猜是否增大
中奖概率

这一问题出自美国的一个电视游戏节目, 问题的名字来自该节目的主持人蒙提·霍尔, 20 世纪 90 年代曾在美国引起广泛和热烈的讨论. 假定在台上有三扇关闭的门, 其中一扇门后面有一辆汽车, 另外两扇门后面各有一只山羊. 主持人是知道哪扇门后面有汽车的. 当竞猜者选定了一扇门但尚未开启它的时候, 节目主持人去开启剩下两扇门中是山羊的那一扇. 主持人会问参赛者要不要改猜另一扇未开启的门.

问题是: 改猜另一扇未开启的门是否比不改猜赢得汽车的概率要大? 正确的答案是: 改猜能增大赢得汽车的概率, 从原来的 1/3 增大为 2/3. 这是因为竞猜者选定的一扇门后面有汽车的概率是 1/3, 在未选定的两扇门后面有汽车的概率是 2/3, 主持人开启其中一扇门把这门后面有汽车给排除了, 所以另一扇未开启的门后面有汽车的概率是 2/3.

也许有人对此答案提出质疑, 认为在剩下未开启的两扇门后有汽车的概率都是 1/2, 因此不需要改猜. 为消除这一质疑, 不妨假定有 10 扇门的情形, 其中一扇门后面有一辆汽车, 另外 9 扇门后面各有一只山羊. 当竞猜者猜了一扇门但尚未开启时, 主持人去开启剩下 9 扇门中的 8 扇, 露出的全是山羊. 显然: 原先猜的那扇门后面有一辆汽车的概率仍然只是 1/10, 这时改猜另一扇未开启的门赢得汽车的概率是 9/10.

2.1.12 分组混合血标本筛查检验

某医院对一群人进行体检, 其中有一项是艾滋病血清检验. 如果对每个人的血液标本单独检验,成本将很高. 采用分组混合血标本筛查检验可以节省成本和时间. 假定采集到 N 个血标本, 把每个血标本平分成两份, 一份留做备用. 另一份平均分成 M 组, 将每组的血标本混合在一起进行检验. 如果某组血液检测为阳性, 再用该组的每个备用血标本进行逐个筛查.

问题是: 如何根据血标本数量 N 和患艾滋病的概率 (即单个血标本检验是阳性的概率) p 来确定分组数 M, 或每组的血标本个数 k, 其中 $k = N/M$ (假定为整数), 使得平均检验次数达到最少? 令 $q = 1 - p$, 则每组血标本检验是阴性的概率为 q^k, 每组血标本检验是阳性的概率为 $1 - q^k$. 对血检为阳性的组而言, 共计需要进行 $k + 1$ 次检验. 因此, 平均检验总次数为 $\dfrac{N}{k} \left[q^k + (k+1)(1 - q^k) \right]$. 由此通过计算机计算可以确定最佳的 k.

2.1.13 下一次发射成功的概率多大

假定某个型号导弹连续 n 次独立发射成功, 问下一次发射成功的概率多大?

令 S_k 表示连续 k 次发射成功事件. 如果知道导弹每次发射成功的概率为 p, 则连续 n 次发射成功的概率为 $\mathbb{P}(S_n) = p^n$. 根据经验分析, $p > \alpha \geqslant 0$, 可以假定 p 的先验分布是区间 $(\alpha, 1)$ 上的均匀

分布, 则

$$\mathbb{P}(S_n) = \frac{1}{1-\alpha} \int_\alpha^1 p^n \mathrm{d}p = \frac{1-\alpha^{n+1}}{(n+1)(1-\alpha)}.$$

因此下一次发射成功的概率为条件概率

$$\mathbb{P}(S_{n+1}|S_n) = \frac{\mathbb{P}(S_{n+1} \cap S_n)}{\mathbb{P}(S_n)} = \frac{\mathbb{P}(S_{n+1})}{\mathbb{P}(S_n)}$$

$$= \frac{(n+1)(1-\alpha^{n+2})}{(n+2)(1-\alpha^{n+1})}.$$

特别, 如果 $\alpha = 0$, 则 $\mathbb{P}(S_{n+1}|S_n) = \dfrac{n+1}{n+2}$; 如果 $\alpha \to 1$, 则

$$\mathbb{P}(S_{n+1}|S_n) \to 1.$$

2.1.14 两个几何概率问题

1. **候车问题**: 某路公共汽车平均约每 10 分钟一趟通过某车站, 乘客随机到达车站候车时间不超过 6 分钟的概率是多大?

设某趟公共汽车到达该车站的时刻为 T, 乘客必须在 $(T-10, T]$ 时间内到达才能乘上这趟车, 但要候车时间不超过 6 分钟, 必须在 $(T-6, T]$ 时间内到达, 因此候车时间不超过 6 分钟的概率为两个区间长度之比, 等于 0.6.

2. **会面问题**: 两人相约 7 : 00 到 8 : 00 在某地会面, 先到者等候 20 分钟即可离去, 试求两人成功会面的概率.

以 x, y 分别表示两人到达时刻, 则成功会面的充要条件为 $|x - y| \leqslant 20$, 且 $x \in [0, 60], y \in [0, 60]$. 这是一个几何概率问题, 通过作图和计算面积之比得到

$$p = \frac{60^2 - 40^2}{60^2} = \frac{5}{9}.$$

2.1.15 抓阄为什么可以不分先后

假设有 n 个人抓阄, n 张纸片中有 m 张标注中奖, 试问中奖概率与抓阄次序有关吗?

答案是无关. 我们需要把抓阄问题改述为不放回抽球问题. 设一坛子里装有 r 个红球和 b 个黑球. 令 A_j 和 A_j^c 分别表示第 j 次抽球抽到的是黑球和红球这一事件, 显然有

$$\mathbb{P}(A_1) = b/(b + r), \quad \mathbb{P}(A_1^c) = r/(b + r).$$

假定 $\mathbb{P}(A_j) = b/(b + r)$, 其中 $j \leqslant b + r - 1, r, b \geqslant 1$ 是任意的. 于是 $\mathbb{P}(A_{j+1}|A_1)$ 相当于第 j 次从装有 r 个红球和 $b - 1$ 个黑球的坛子里抽球抽到的是黑球的概率, $\mathbb{P}(A_{j+1}|A_1^c)$ 相当于第 j 次从装有 $r - 1$ 个红球和 b 个黑球的坛子里抽球抽到的是黑球的概率, 则由全概率公式, 有

$$\mathbb{P}(A_{j+1}) = \mathbb{P}(A_{j+1}|A_1)\mathbb{P}(A_1) + \mathbb{P}(A_{j+1}|A_1^c)\mathbb{P}(A_1^c)$$

$$= \frac{b - 1}{b + r - 1}\frac{b}{b + r} + \frac{b}{b + r - 1}\frac{r}{b + r}$$

$$= \frac{b}{b+r}.$$

2.1.16　如何设计对敏感性问题的社会调查

设想要对研究生论文抄袭现象进行社会调查. 如果直接就此问题进行问卷调查, 就是说要你直说你是否抄袭, 即使这样的调查是无记名的, 也会使被调查者感到尴尬. 设计如下方案可使被调查者愿意做出真实的回答: 在一个箱子里放进 1 个红球和 1 个白球. 被调查者在摸到球后记住颜色并立刻将球放回, 然后根据球的颜色是红或白分别回答如下问题: 你的生日是否在 7 月 1 日以前? 你做论文时是否有过抄袭行为? 回答时只要在一张预备好的白纸上打 √ 或打 ×, 分别表示是或否. 假定被调查者有 150 人, 统计出有 45 个 √. 问题是: 有抄袭行为的比率大概是多少? 已知:

$\mathbb{P}(红) = \mathbb{P}(白) = 0.5$, $\mathbb{P}(\checkmark|红) = 0.5$, $\mathbb{P}(\checkmark) = 0.3$, 求条件概率 $\mathbb{P}(\checkmark|白)$. 由于

$\mathbb{P}(\checkmark, 白) = \mathbb{P}(\checkmark) - \mathbb{P}(\checkmark, 红) = 0.3 - 0.5 \times 0.5 = 0.05$,

故有

$$\mathbb{P}(\checkmark|白) = \frac{\mathbb{P}(\checkmark, 白)}{\mathbb{P}(白)} = 0.1.$$

因此, 有抄袭行为的比率大概是 10%.

2.1.17 红球来自容器甲的概率是多大

假定有甲、乙两个容器, 容器甲里有 7 个红球和 3 个白球, 容器乙里有 1 个红球和 9 个白球, 随机从这两个容器中抽出一个球, 发现是红球, 问这个红球来自容器甲的概率是多大? 设球是从容器甲抽出的为事件 A, 抽出的球是红球为事件 B, 则有

$$\mathbb{P}(A) = 1/2, \quad \mathbb{P}(B|A) = 7/10,$$

$$\mathbb{P}(B) = 1/2 \times 1/10 + 1/2 \times 7/10 = 2/5.$$

按照贝叶斯公式, 抽出的红球来自容器甲的概率是

$$\mathbb{P}(A|B) = \mathbb{P}(A)\mathbb{P}(B|A)/\mathbb{P}(B) = \frac{1/2 \times 7/10}{2/5} = \frac{7}{8}.$$

2.1.18 如何评估疾病诊断的确诊率

假想有一种通过检验胃液来诊断胃癌的方法, 胃癌患者检验结果为阳性的概率为 99.99%, 非胃癌患者检验结果为阳性 (假阳性) 的概率为 0.1%. 问题是:

(1) 检验结果为阳性者确实患胃癌的概率 (即确诊率) 是多大?

(2) 如果假阳性的概率降为 0.01%, 0.001% 和 0, 确诊率分别上升为多少?

我们用 "+" 表示被检者检验结果为阳性, 用

H 和 H^c 分别表示被检者为胃癌患者和非胃癌患者, 则由贝叶斯公式, 确诊率为

$$\mathbb{P}(H|+) = \frac{\mathbb{P}(+|H)\mathbb{P}(H)}{\mathbb{P}(+)},$$

其中

$$\mathbb{P}(+) = \mathbb{P}(+|H)\mathbb{P}(H) + \mathbb{P}(+|H^c)\mathbb{P}(H^c).$$

从这两个公式看出, 我们要预先知道被检者所在地区胃癌患病率 $\mathbb{P}(H)$.

假定该地区胃癌患病率为 0.01%. 问题 (1) 的答案是: 确诊率为 1/11; 问题 (2) 的答案是: 如果假阳性的概率降为 0.01%, 0.001% 和 0, 确诊率分别上升为 50%, 90.9% 和 100%.

2.1.19　肇事车辆是蓝色的概率

某城市有两种颜色的出租车, 蓝绿比率为 15 : 85. 某一天, 一辆出租车夜间肇事后逃逸, 一位目击证人认定肇事的出租车是蓝色的. 但是, 他目击的可信度如何呢? 公安人员经过在相同环境下对该目击者进行蓝绿测试而得到可信度是 80%. 如果认为肇事车是蓝色的概率就是 80%, 那是错误的, 因为需要考虑蓝绿出租车的基本比例.

令 A 表示肇事车是蓝色这一事件, 蓝车肇事的先验概率为 $\mathbb{P}(A) = 0.15$. 现在, 有了一位目击者, 便改变了事件 A 出现的概率. 目击者认定肇事

车为蓝色这一事件记为 B. 问题是要求在该目击证人看到蓝车的条件下肇事车是蓝色的概率, 即要求条件概率 $\mathbb{P}(A|B)$. 为此需要计算 $\mathbb{P}(B|A)$ 和 $\mathbb{P}(B)$.

$\mathbb{P}(B|A)$ 是在车为蓝色的条件下目击蓝色的概率, 即 $\mathbb{P}(B|A) = 0.80$. $\mathbb{P}(B)$ 是目击证人认定肇事车为蓝色的概率, 等于两种情况的概率相加: 一种是车为蓝, 辨认也正确; 另一种是车为绿, 错看成蓝. 令 A^c 表示肇事车是绿色这一事件, 由全概率公式,

$$\mathbb{P}(B) = \mathbb{P}(AB) + \mathbb{P}(A^cB)$$

$$= \mathbb{P}(A)\mathbb{P}(B|A) + \mathbb{P}(A^c)\mathbb{P}(B|A^c)$$

$$= 0.15 \times 0.80 + 0.85 \times 0.20 = 0.29.$$

由贝叶斯公式算得

$$\mathbb{P}(A|B) = \frac{\mathbb{P}(A)\mathbb{P}(B|A)}{\mathbb{P}(B)} = \frac{0.15 \times 0.80}{0.29} = 0.41.$$

因此, 肇事车辆是蓝色的后验概率为 41%.

2.1.20 为何多人博弈中弱者有时反倒有利

假定甲、乙、丙三个商家为抢占市场而进行竞争. 在竞争中, 甲淘汰乙和丙的概率分别是 0.6 和 0.8, 乙淘汰甲和丙的概率分别是 0.4 和 0.7, 丙淘汰甲和乙的概率分别为 0.2 和 0.3. 竞争的结局可能是两败俱伤, 或者两个依旧幸存, 也可能是一个幸存、另一个被淘汰. 竞争的规则是: 每个商家只能

选中一名对手来竞争,未被淘汰的进入下一轮竞争.问: 到第二轮结束时,各个商家幸存下来的概率有多大?

从非合作博弈角度分析,第一轮的最优策略是: 甲和乙竞争,丙与乙结成暂时联盟,共同对付三者中最强的甲. 第一轮结束时,丙肯定幸存下来;甲和乙都被淘汰的概率是 0.312,它等于甲淘汰乙的概率 (0.6) 乘以甲被乙和 (或) 丙淘汰的概率 $(1 - 0.6 \times 0.8)$;甲和乙都幸存的概率是 0.192,它等于甲未被乙和丙淘汰的概率 (0.6×0.8) 乘以乙未被甲淘汰的概率 (0.4);甲幸存、乙被淘汰的概率是 0.288,它等于甲未被乙和丙淘汰的概率 (0.6×0.8) 乘以乙被甲淘汰的概率 (0.6);乙幸存、甲被淘汰的概率是 0.208,它等于乙未被甲淘汰的概率 (0.4) 乘以甲被乙和 (或) 丙淘汰的概率 $(1 - 0.6 \times 0.8)$. 如果甲和乙都被淘汰,丙单独幸存,竞争结束. 否则进入第二轮竞争,这时分两种情形: 1) 如果第一轮结束时甲和乙都幸存,则与第一轮情形相同; 2) 如果第一轮结束时甲 (或乙) 幸存,这时甲 (或乙) 和丙竞争,甲 (或乙) 继续幸存的概率是 0.8 (或 0.7),丙继续幸存的概率是 0.2 (或 0.3). 利用全概率公式计算,第二轮结束时,甲最终幸存下来的概率是

$$0.192 \times 0.192 + 0.192 \times 0.288 + 0.288 \times 0.8 = 0.323.$$

类似可以算出乙和丙最终幸存下来的概率分别是 0.222 和 0.624. 由此可见,丙幸存下来的概率最大.

当然, 这一模型是理想化的数学模型, 但它给我们有很好的启示. 弱者在竞争的夹缝中幸存下来的例子在商界层出不穷.

2.1.21　如何确定抽样调查的样本大小

设想通过抽样调查来估计某县城 60 岁以上老人阿尔茨海默病患病率, 为了使得估计误差小于 0.01 的概率不小于 0.99, 需要至少调查多少 60 岁以上老人? 如果根据医学判断, 预先知道 60 岁以上老人阿尔茨海默病患病率不超过 0.1, 需要至少调查多少人?

我们可以用中心极限定理解答这一问题. 设 S_n 为 n 个样本中阿尔茨海默病患者数, 当 n 充分大时,

$$\xi_n = \frac{(S_n/n - p)\sqrt{n}}{\sqrt{p(1-p)}}$$

近似服从标准正态分布, 其中 p 为 60 岁以上老人阿尔茨海默病患病率. 令 $\Phi(x)$ 表示标准正态分布函数, 即

$$\Phi(x) = \frac{1}{\sqrt{2\pi}} \int_{-\infty}^{x} \mathrm{e}^{-\frac{1}{2}t^2} \mathrm{d}t.$$

由于 $\sup\limits_{0<p<1} p(1-p) = 1/4$, 问题化为求 n, 使得

$$\Phi(0.01\sqrt{4n}) - \Phi(-0.01\sqrt{4n}) \geqslant 0.99.$$

查表知 $\Phi(2.577) = 0.995$, 于是 $n \geqslant 2500 \times 2.577^2 = 16602$.

如果已知 $p \leqslant 0.1$, 则有 $\sup\limits_{0<p<0.1} p(1-p) = 0.09$, 从而问题化为求 n, 使得

$$\Phi(0.01\sqrt{100n/9}) - \Phi(-0.01\sqrt{100n/9}) \geqslant 0.99.$$

于是 $n \geqslant 900 \times 2.577^2 = 5977$.

2.1.22 圣彼得堡问题

1738 年, 雅各·伯努利的侄子尼古拉·伯努利提出了著名的圣彼得堡问题: 甲、乙两人游戏, 甲掷一枚硬币直到掷出正面游戏结束 (称为一局). 若甲掷第一次出现正面, 则乙付给甲 2 卢布; 若甲第一次掷得反面, 第二次掷得正面, 乙付给甲 4 卢布; 一般地, 若甲前 $n-1$ 次掷得反面, 第 n 次掷得正面, 则乙需付给甲 2^n 卢布. 问在游戏开始前甲应付给乙多少卢布才使游戏为公平的? 按照期望值的计算方法, 游戏的期望值是各局的奖金乘以该局发生的概率 (均为 1 卢布) 之和, 为无穷大. 但是按实际的投掷结果计算, 100 局左右的游戏奖金平均值也就 20 卢布左右. 问题出在哪里? 因为获得高额奖金局发生的概率非常小, 获得超过 2^{n+1} 卢布奖金的概率只有 2^{-n}. 利用电脑进行模拟试验的结果表明, 随着游戏局数 N 的增大, 甲获得的奖金平均值 X 非常缓慢且起伏性地增加, 近似为

$$X = \frac{\lg N}{\lg 2}.$$

2.1.23 不确定投资决策中的风险分析

假定有两个投资项目. 第一个项目分两阶段进行, 第一阶段以 0.90 概率进入下一阶段, 以 0.10 概率出局. 进入第二阶段后, 以 0.90 的概率取得成功, 获得 400 万元的利润; 第二个项目以 0.80 的概率直接盈利 400 万元. 尽管从概率论分析来看, 第一个项目以 0.81 的概率获得 400 万元的利润, 优于第二个项目, 但多数人选择第二个项目, 原因是两次面临风险比一次面临风险给人造成的心理压力更大.

再举一个例子. 假定投资者有两个投资项目可供选择: 项目 A 确保盈利 400 万元; 项目 B 以 70% 的概率盈利 500 万元, 以 30% 的概率盈利 200 万元. 尽管项目 B 的平均盈利 410 万元, 高于项目 A, 但大多数人为了规避风险, 宁愿选择项目 A 而不选择 B.

另外, 假定投资者有一项目分两阶段进行, 第一阶段确保盈利 300 万元, 第二阶段有项目 C 和 D 可供选择: 项目 C 确保再盈利 100 万元; 项目 D 以 70% 的概率盈利 200 万元, 以 30% 的概率亏损 100 万元. 这时, 大多数人可能更倾向于选择 D. 尽管从概率分析来看, 项目 A 或 B 分别等同于盈利 300 万元前提下的项目 C 或 D, 但在两种不同的投资境况下, 投资者做出了不同的决策, 原因是对两种境况下的风险认知不同.

2.1.24 从风险厌恶者观点看公平博弈

设市场参与者的初始财富为 x, 他在市场上投资就如同进行一次博弈, 博弈后的财富 $W = x + X$ 是一不确定回报. 如果 W 的期望值为 x, 则称此博弈是公平的. 对一公平博弈而言, 如果风险厌恶者的效用函数为 u (严格增的凹函数), 则存在非负实数 $\pi(W)$, 使得 $\mathbb{E}[u(W)] = u(x - \pi(W))$, 称 $\pi(W)$ 为 W 的**风险溢价**, 它是风险厌恶者回避风险而愿意放弃的财富值. 而数值 $x - \pi(W)$ 称为 W 的**确定性等值**, 即风险厌恶者为达到不确定回报 W 的期望效用水平所要求保证的财产水平.

在前面的圣彼得堡问题的游戏中, 如果规则做如下修改: 甲掷第一次出现正面, 乙付给甲 2 卢布; 对 $n \geqslant 2$, 甲前 $n - 1$ 次掷得反面, 第 n 次掷得正面, 乙付给甲 $2^n/[n(n-1)]$ 卢布, 则游戏的期望值为 2 卢布. 从博弈观点来说, 在游戏开始前甲付给乙 2 卢布, 游戏是公平的. 但如果甲是风险厌恶者, 不确定回报的确定性等值 (小于游戏的期望值 2 卢布) 才是在游戏开始前甲愿意付给乙的钱, 其具体数值由甲的效用函数确定.

单从规避风险角度考虑问题, 甲也不愿意在游戏开始前付给乙 2 卢布, 因为有 31/32(约 97%) 的概率甲获得的奖金不超过 1.6 卢布.

2.2　若干著名的概率问题

2.2.1　分赌注问题

现在回到前面提出的分赌注问题: 一公平赌博到某一时刻, 赌徒 A 和 B 分别还需胜 a 局和 b 局才获胜, 此时中止赌博, 应如何合理分配赌注?

不妨假定 $a < b$. 如果不中止赌博, 最少再赌 a 局和最多再赌 $a+b-1$ 局就能决定胜负. 假定每局 A 和 B 获胜的概率分别为 p 和 $1-p$, 则继续赌下去 A 获胜的概率为

$$\mathbb{P}(A) = \sum_{k=a}^{a+b-1} \binom{a+b-1}{k} p^k (1-p)^{a+b-1-k}.$$

对 $p = 0.5$ 情形,

$$\mathbb{P}(A) = \sum_{k=a}^{a+b-1} \binom{a+b-1}{k} 0.5^{a+b-1}.$$

特别, 对于帕乔利所考虑的情形, $a=1, b=4$, 这时有 $\mathbb{P}(A) = 15 \times 0.5^4$, 于是 $\mathbb{P}(B) = 1 - \mathbb{P}(A) = 0.5^4$. 帕乔利问题的正确答案是 15:1.

2.2.2　赌徒输光问题

问题叙述如下: 甲、乙进行公平赌博, 其赌本分别为 a 及 b, 若每局赌注为 1, 试求甲和乙把赌本输光的概率.

利用两端带有吸收壁的随机游动来模拟整个赌博过程. 假定质点在时刻 $t = 0$ 时, 位于 $x = a$, 代表初始状态时甲的赌本, 质点分别以概率 $1/2$ 向正的或负的方向移动一个单位, 而在 $x = 0$ 及 $x = a + b$ 处各有一个吸收壁, 当质点在 $x = 0$ 处被吸收时意味着此时甲的赌本变为了 0, 当质点在 $x = a + b$ 处被吸收时, 此时甲获得全部的赌本而乙破产. 我们来求质点在 $x = 0$ 处被吸收的概率, 即甲破产的概率.

若以 p_n 记质点的初始位置为 $n\,(> 0)$ 而最终在 0 处被吸收的概率, 显然有

$$p_n = \frac{1}{2}(p_{n-1} + p_{n+1}), \quad p_0 = 1, \quad p_{a+b} = 0,$$

于是得到一个二阶差分方程 $p_{n+1} - p_n = p_n - p_{n-1}$, 由此推得甲破产的概率为 $p_a = \dfrac{b}{a+b}$, 从而乙破产的概率为 $p_b = \dfrac{a}{a+b}$. 现在假定乙是庄家, 即假定他的赌本 b 相对 a 而言非常大, 则 p_a 几乎等于 1. 于是我们推得所谓的**赌徒输光定理**: 在一公平赌博中, 拥有有限赌本的赌徒, 只要长期赌下去, 必然有一天会输光.

更一般地, 如果甲、乙在每局中赢的概率分别为 p 及 q, 其中 $p \neq 1/2$, $q = 1 - p$, 则有

$$p_n = pp_{n-1} + qp_{n+1}, \quad p_0 = 1, \quad p_{a+b} = 0,$$

于是得到一个二阶差分方程 $q(p_{n+1} - p_n) = p(p_n - p_{n-1})$, 由此推得甲破产的概率为

$$p_a = \frac{(q/p)^a - (q/p)^{a+b}}{1 - (q/p)^{a+b}}.$$

因此, 假定甲每局赢的概率大于 $1/2$, 即使乙是庄家, 甲输光的概率将小于 $(q/p)^a$.

2.2.3 蒲丰投针问题

蒲丰 (Buffon, 1707—1788) 是第一个把概率论和几何问题联系起来的人. 他于 1777 年提出并解决了**投针问题**: 在平面上画有一组间距为 a 的平行线, 将一根长度为 $b(b < a)$ 的针任意掷在这个平面上, 求此针与平行线中任一条相交的概率. 他用几何方法证明了这一概率为 $2b/a\pi$. 由于这一问题与几何有关, 后人就称这类问题为几何概率问题. 设针的中点为 M (图 1(a)), 点 M 到最近的线的距离为 d, 针与线的夹角为 θ, 相交的充要条件为 $d \leqslant \dfrac{b}{2} \sin\theta$. 点 M 落在曲线下方 (图 1(b)), 针与线相交, 曲线与 θ 轴所成图形 (图 1(b)) 的面积是

$$\int_0^\pi \frac{b}{2} \sin\theta \mathrm{d}\theta = b,$$

整个落针区域的面积是 $a\pi/2$. 因此, 针与平行线相交的概率为两个面积之比, 等于 $2b/a\pi$.

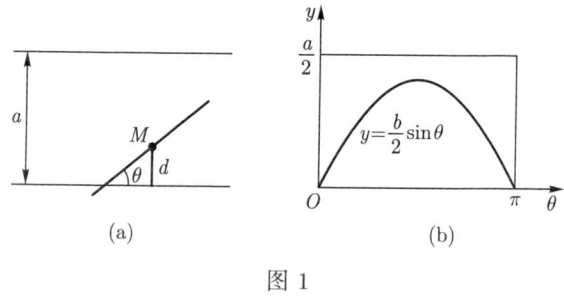

图 1

2.2.4 贝特朗悖论

古典概率论的逻辑基础建筑在试验场合数有限和基本事件的等可能性. 然而, 只要涉及无限场合, 等可能性很难界定, 便会产生一些怪异的结果, 其中最著名的是 1899 年由法国学者贝特朗提出的所谓贝特朗悖论: 在半径为 r 的圆内随机选择弦, 计算弦长超过圆内接正三角形边长的概率. 根据随机选择弦的不同含义, 可以得到三个不同的答案: 假定弦的中点在直径上均匀分布 (图 2(a)), 答案是 1/2; 假定弦的端点在圆周上均匀分布 (图 2(b)), 答案是 1/3; 假定弦的中点在圆内均匀分布 (图 2(c)), 答案是 1/4. 这类悖论说明, 在古典概率论中, 对无限场合, 概率概念是以某种等可能性界定为前提.

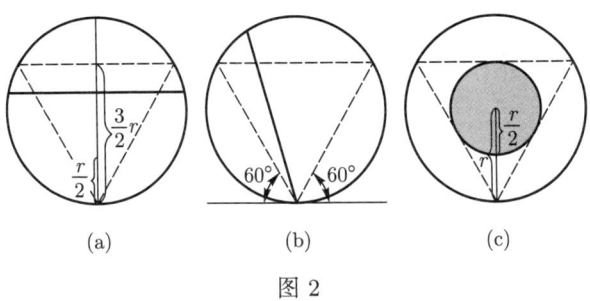

图 2

2.2.5 波利亚罐子问题

设一罐子装有 r 个红球和 b 个黑球. 任意从罐中抽取一个球, 然后将它放回并添加 c 个同色球到罐子里. 问题是: 经过 n 次按上述规则抽球后, $1 \leqslant n < b + r$, 第 $n+1$ 次从罐中抽取的球是黑球的概率有多大? 答案是 $\dfrac{b}{r+b}$, 居然答案既不依赖于 c, 也与是第几次抽球无关.

下面我们用全概率公式和归纳法来证明这一结论. 假定波利亚罐子问题的答案就是黑球数量与红黑球总数之比. 令 A_j 和 A_j^c 分别表示第 j 次从罐中抽取的球是黑球和红球的概率, 显然,

$$\mathbb{P}(A_1) = \frac{b}{r+b}, \quad \mathbb{P}(A_1^c) = \frac{r}{r+b}.$$

假定对 $2 \leqslant j \leqslant n$ 都有 $\mathbb{P}(A_j) = \dfrac{b}{r+b}$, 往证 $\mathbb{P}(A_{n+1}) = \dfrac{b}{r+b}$. 条件概率 $\mathbb{P}(A_{n+1}|A_1)$ 等同于

从装有 r 个红球和 $b+c-1$ 个黑球的罐子中, 第 n 次抽取的一个球是黑球的概率, 于是有

$$\mathbb{P}(A_{n+1}|A_1) = \frac{b+c-1}{r+b+c-1},$$

类似地,

$$\mathbb{P}(A_{n+1}|A_1^c) = \frac{b}{r+b+c-1}.$$

因此, 由全概率公式,

$$\mathbb{P}(A_{n+1}) = \mathbb{P}(A_{n+1}|A_1)\mathbb{P}(A_1) + \mathbb{P}(A_{n+1}|A_1^c)\mathbb{P}(A_1^c)$$

$$= \frac{b+c-1}{r+b+c-1} \times \frac{b}{r+b} + \frac{b}{r+b+c-1} \times \frac{r}{r+b}$$

$$= \frac{b}{r+b}.$$

2.2.6 哈代–温伯格平衡定律

哈代 (G.H. Hardy, 1877—1947) 是英国著名数学家, 在数论和经典分析中作出了杰出贡献. 在遗传学中有哈代–温伯格平衡定律.

二倍体的生物体, 例如人类, 遗传特征由成对出现的基因传递. 在最简单情况下, 每个基因对有两个等位基因, 分别记为 A 与 a. 于是我们有 AA, Aa, aa 这三种基因对类型. 纯粹型基因对 AA 或 aa 分别只能遗传 A 或 a, 混合型基因对 Aa 只能遗传 A 或 a 中之一. 假定基因对类型 AA, Aa, aa, 其初始频率为 $u, 2v, w$, 其中 $u > 0, v > 0, w > 0,$

且 $u + 2v + w = 1$. 我们用 $AA(n)$ 表示第 n 后代
为 AA 型, 则

$$\mathbb{P}(AA(1)) = u^2 + 2uv + v^2 = (u+v)^2,$$

$$\mathbb{P}(aa(1)) = v^2 + 2vw + w^2 = (v+w)^2,$$

$$\mathbb{P}(Aa(1)) = 2(uv + uw + vw + v^2)$$

$$= 2(u+v)(v+w).$$

我们令 $p = u + v$, $q = v + w$, 则 $p > 0$, $q > 0$, 且
$p + q = 1$. 上面三个等式可以改写为

$$\mathbb{P}(AA(1)) = p^2, \ \mathbb{P}(aa(1)) = q^2, \ \mathbb{P}(Aa(1)) = 2pq.$$

分别用 p^2, pq, q^2 代替 u, v, w, 则

$$\mathbb{P}(AA(2)) = (p^2 + pq)^2 = p^2,$$

$$\mathbb{P}(aa(2)) = (pq + q^2)^2 = q^2,$$

$$\mathbb{P}(Aa(2)) = 2(p^2 + pq)(pq + q^2) = 2pq.$$

依次类推, 对任何 $n \geqslant 1$, 恒有

$$\mathbb{P}(AA(n)) = p^2, \ \mathbb{P}(aa(n)) = q^2, \ \mathbb{P}(Aa(n)) = 2pq.$$

因此, 不管基因对类型的初始频率如何, 在遗传
过程中, 基因对类型的频率不会改变. 这就是哈
代–温伯格平衡定律.

2.2.7 凯利公式

凯利 (Kelly) 1955 年发明凯利公式的时候, 是贝尔实验室的一名研究人员, 他并不是一个资深赌徒. 凯利考虑的问题是: 假设有一赌局, 赌徒每次下注后, 以概率 p 赢得 W 倍赌注, 以概率 $q (= 1 - p)$ 输了赌注. 对一个频繁下注的赌徒来说, 每次用累积资金的多大比率下注才能获得最大的期望累积回报率?

令 $\xi_1, \xi_2, \cdots$ 为一列相互独立同分布的随机变量, 以概率 p 取值 W, 以概率 q 取值 -1. 如果赌徒每次以累积资金的 x 比率下注, $0 \leqslant x \leqslant 1$, 则该赌徒 N 次下注后的回报率为 $\prod_{j=1}^{N}(1 + \xi_j x)$, 其期望累积回报率为

$$R(x) = (1 + Wx)^{Np}(1 - x)^{Nq}.$$

对函数 $R(x)$ 求最优解, 等价于对 $\ln R(x)$ 求最优解, 我们有

$$\ln R(x) = Nf(x), \quad f(x) = p\ln(1+Wx) + q\ln(1-x).$$

令 $f'(x) = 0$, 立刻得到最优解 x^* 的如下表达式:

$$x^* = p - W^{-1}q.$$

此即凯利公式. 为要 $x^* > 0$, 当且仅当 $pW > q$.

2.2.8 秘书问题

在 20 世纪 60 年代, 美国杂志《科学美国人》提出几个趣味数学问题, 其中之一是秘书问题: 设想一个人要从 n 个应聘者中聘用一名秘书. 按照某种标准, 应聘者优劣可以严格排序, 应聘者到来是随机的, 经理每次面试一名应聘者, 如果录用, 则停止下面的会见, 否则面试下一位. 不被录用的应聘者不能事后再召回录用. 问采取什么策略, 才能使聘到的人为应聘者中最佳者的概率达到最大? 可以证明: 令整数 $r < n$, 先面试 $r - 1$ 个人, 都不聘他们, 从第 r 个人开始, 录用第一个超越已面试中最优秀的人, 此人是 n 名应聘者中最佳者的概率达最大, 其值为

$$\pi(r, n) = \sum_{i=r}^{n} \mathbb{P}(\text{第 } i \text{ 名被录用})\mathbb{P}(\text{第 } i \text{ 名最佳})$$

$$= \sum_{i=r}^{n} \frac{r-1}{i-1} \times \frac{1}{n} = \frac{r-1}{n} \sum_{i=r-1}^{n-1} \frac{1}{i}.$$

问题归结为选 r^* 使得上述概率达最大. 这一 r^* 可以如下选取:

$$r^* = \inf\{r \geqslant 1 : \frac{1}{r} + \cdots + \frac{1}{n-1} \leqslant 1\}.$$

下面列举几个情形:

1) 若 $n = 5, 6, 7$, 则 $r^* = 3$, $\pi(r^*, n)$ 分别为 0.433, 0.428, 0.414;

2) 若 $n = 8, 9$, 则 $r^* = 4$, $\pi(r^*, n)$ 分别为 0.410, 0.406;

3) 若 n 充分大, 则 r^* 近似为 n/e, $\pi(r^*, n)$ 近似为 $1/e$, 这里 e 表示自然对数的底.

2.2.9 贝尔不等式与量子纠缠

1935 年爱因斯坦等三人提出一个 EPR 佯谬: 要么量子理论是不完备的, 要么量子力学会导致超光速的作用, 与局域性相违背. 论文中指出应该加入 "隐变量" 到量子力学中, 以使在量子纠缠现象中不会出现鬼魅般的超距作用. 1952 年, 玻姆 (Bohm, 1917—1992) 发表了论文《关于量子理论隐变量诠释的建议》, 给波函数增加额外的隐变量, 从而赋予系统的性质以确定值. 他认为是一种隐变量在操控整个量子世界中那些看起来不可思议的事情, 但是具体是什么样的变量他也不知道.

英国物理学家贝尔 (Bell, 1928—1990) 于 1964 年精心设计出一个 "思想实验": 从衰变生成的两颗处于单态的自旋 1/2 粒子 A, B 会分别朝着相反方向移动, 在与衰变地点相隔遥远的两个地点, 分别测量两个粒子的自旋, 每一次测量得到的结果是向上自旋 (标记为 "+") 或向下自旋 (标记为 "−"). 在空间坐标系 (不一定需要互相垂直) xyz 中, 测量结果如以下表格所示:

Ax	Ay	Az	Bx	By	Bz	出现概率
$+$	$+$	$+$	$-$	$-$	$-$	P_1
$+$	$+$	$-$	$-$	$-$	$+$	P_2
$+$	$-$	$+$	$-$	$+$	$-$	P_3
$+$	$-$	$-$	$-$	$+$	$+$	P_4
$-$	$+$	$+$	$+$	$-$	$-$	P_5
$-$	$+$	$-$	$+$	$-$	$+$	P_6
$-$	$-$	$+$	$+$	$+$	$-$	P_7
$-$	$-$	$-$	$+$	$+$	$+$	P_8

假设 Pxy 的意义是粒子 A 在 x 方向上和粒子 B 在 y 方向上的协作性, 一致的为正, 不一致的为负, 则有

$$Pxy = -P_1 - P_2 + P_3 + P_4 + P_5 + P_6 - P_7 - P_8,$$

$$Pzy = -P_1 + P_2 + P_3 - P_4 - P_5 + P_6 + P_7 - P_8,$$

$$Pxz = -P_1 + P_2 - P_3 + P_4 + P_5 - P_6 + P_7 - P_8.$$

故有

$$|Pxz - Pzy| = 2|(P_4 + P_5) - (P_3 + P_6)|$$

$$\leqslant 2(P_3 + P_4 + P_5 + P_6).$$

由 $\sum_{i=1}^{8} P_i = 1$ 推知 $2(P_3 + P_4 + P_5 + P_6) = 1 + Pxy,$

从而

$$|Pxz - Pzy| \leqslant 1 + Pxy,$$

此即贝尔不等式 (或贝尔定理). 基于局域隐变量理论预言的测量值都不大于 2. 而用量子力学理论, 可以得出大于 2 的测量值. 一旦实验测量的结果大于 2, 就意味着局域隐变量理论是错误的, 非定域性存在, 即其中一个粒子的状态确实可以瞬时影响另一个粒子的状态, 无论两个粒子之间的距离有多么遥远.

贝尔满以为这为通向爱因斯坦的梦想扫清了障碍, 只待物理实验验证. 但是, 与贝尔的意愿恰恰相反, 从 1972 年起, 陆续公布了在量子论中贝尔不等式不成立的物理实验, 显示量子关联不能被局域隐变量理论解释. 1972 年, 美国理论和实验物理学家克劳泽 (John F. Clauser) 等人完成第一次贝尔不等式证伪实验, 但因存在定域性漏洞, 即纠缠的粒子之间距离太小, 不足以说明纠缠的非局域性, 结果不具有说服力. 1982 年, 法国物理学家阿斯佩 (Alain Aspect) 等人改进了克劳泽的贝尔不等式证伪实验. 1998 年, 奥地利物理学家塞林格 (A. Zeilinger) 等人在排除了定域性漏洞的情况下完成贝尔不等式证伪实验. 2015 年, 塞林格同时排除了定域性漏洞和测量漏洞, 完成了无漏洞的贝尔不等式证伪实验. 2022 年诺贝尔物理学奖授予阿斯佩、克劳泽和塞林格, 以表彰他们在量子信息科学研究方面作出的贡献. 他们通过光子纠缠实验, 确定贝尔不等式在量子世界中不成立, 并开创了量子信息这一学科.

参 考 文 献

费勒. 概率论及其应用: 下册. 刘文, 译. 北京: 科
　　学出版社, 1979.

孙荣恒. 趣味随机问题. 北京: 科学出版社, 2004.

小林道正. 概率·统计. 卢祎俊, 译. 上海: 上海科
　　学技术文献出版社, 2011.

钟开莱. 初等概率论. 魏宗舒, 吕乃刚, 王万中, 等
　　译. 北京: 人民教育出版社, 1979.

郑重声明

高等教育出版社依法对本书享有专有出版权。任何未经许可的复制、销售行为均违反《中华人民共和国著作权法》，其行为人将承担相应的民事责任和行政责任；构成犯罪的，将被依法追究刑事责任。为了维护市场秩序，保护读者的合法权益，避免读者误用盗版书造成不良后果，我社将配合行政执法部门和司法机关对违法犯罪的单位和个人进行严厉打击。社会各界人士如发现上述侵权行为，希望及时举报，我社将奖励举报有功人员。

反盗版举报电话　(010)58581999　58582371

反盗版举报邮箱　dd@hep.com.cn

通信地址　北京市西城区德外大街 4 号

　　　　　　高等教育出版社法律事务部

邮政编码　100120

读者意见反馈

为收集对教材的意见建议，进一步完善教材编写并做好服务工作，读者可将对本教材的意见建议通过如下渠道反馈至我社。

咨询电话　400 - 810 - 0598

反馈邮箱　hepsci@pub.hep.cn

通信地址　北京市朝阳区惠新东街 4 号富盛大厦 1 座

　　　　　　高等教育出版社理科事业部

邮政编码　100029